LOHAS. Der moderne Öko des 21. Jahrhunderts

Hanna Schneider

Bibliografische Information der Deutschen Nationalbibliothek:

Die Deutsche Nationalbibliothek verzeichnet diese Publikation in der Deutschen Nationalbibliografie; detaillierte bibliografische Daten sind im Internet über http://dnb.d-nb.de abrufbar.

ISBN: 9783346813244
Dieses Buch ist auch als E-Book erhältlich.

Inhaltsverzeichnis

1 Hinführung

Was macht einen Öko aus? Die meisten Menschen geben auf diese Frage dieselbe Antwort: Er hat lange Haare, trägt selbstgestrickte Pullis, Batik-T-Shirts und Jesuslatschen. Seine Kleidung ist, wie er selbst, eher ungewaschen. Blumenschmuck ist in seine Dreadlocks eingeflochten. Er hört die Beatles, praktizierte freie Liebe und raucht Marihuana. Irgendwann fallen immer die ikonisch gewordenen Begriffe „Woodstock" und „Sommer der Liebe". Obwohl sie längst in der Vergangenheit liegt, prägt die Hippie-Bewegung der sechziger Jahre nach wie vor das Bild des Ökos in den Köpfen der Menschen. Dabei hat sich der moderne Öko des 21. Jahrhundert längst vom Lebensstil seines Großvaters abgewandt und lebt mittlerweile beinahe unerkannt in der Mitte der Gesellschaft.

Nach einer Definition der wichtigsten Begriffe rund um den Öko und einem kurz gefassten Überblick über die bisherigen Umweltbewegungen möchte sich dieser Bericht deshalb explizit dem Öko der heutigen Zeit widmen: Wer ist er? Was macht ihn aus? Wie lebt er? Was ist ihm wichtig? Inwiefern unterscheidet er sich von früheren Ökobewegungen? Wo findet er sich innerhalb der Gesellschaft wieder? Wie konsumiert er? Welche Auswirkungen hat sein Verhalten auf die Wirtschaft? Und was ist möglicherweise an ihm zu kritisieren? All diesen Fragen soll ausführlich nachgegangen werden, um am Ende eine umfassende Vorstellung über den modernen Öko des 21. Jahrhunderts zu gewinnen.

2 Definitionen

Vor der Auseinandersetzung mit der Sozialfigur des Ökos sollten zunächst die gängigsten Begriffe aus seinem Umfeld definiert werden. Der Terminus *Ökologie* bezeichnet eine „Teil[disziplin] der Biologie, [...] [die] sich mit den Beziehungen der Lebewesen untereinander und mit ihrer unbelebten Umwelt beschäftigt" (Jax, 2016, S. 37). Ein *Öko* ist dem Duden Online (2017a) zufolge eine Person, die „in irgendeiner Weise mit Ökologie, mit bewusster Beschäftigung mit der Umwelt [sowie] mit Umweltproblemen in Beziehung steht". Das Adjektiv *ökologisch* sowie die häufig verwendete Kurzform *öko* werden definiert als „die natürliche Umwelt des Menschen betreffend, sich für ihren Schutz, ihre Erhaltung einsetzend,

Umweltschutz und -politik betreffend" (Duden Online, 2017b). „Umweltbewusst, […] umweltschonend [oder] umweltverträglich" werden als mögliche Synonyme angegeben. *Biologisch* oder umgangssprachlich auch *bio* drückt aus, dass etwas „aus natürlichen Stoffen hergestellt [wurde und] naturbelassen" ist (Duden Online, 2017c). Die in der nachfolgenden Erörterung noch häufig genannte *Nachhaltigkeit* ist in ihrer Kernbedeutung ein „Prinzip, nach dem nicht mehr verbraucht werden darf, als jeweils nachwachsen, sich regenerieren [oder] künftig wieder bereitgestellt werden kann" (Duden Online, 2017d).

3 Geschichtliche Entwicklung

Der nachfolgende Abschnitt bietet einen kurzen Überblick über die Entstehung der Nachhaltigkeitsidee und die Ausbreitung ökologischer Wertvorstellungen in Teilen der Gesellschaft bis zur heute bestehenden Ökobewegung.

Die Idee von Umweltschutz und Nachhaltigkeit kam in Deutschland bereits im 18. Jahrhundert auf, als eine erhebliche Holzknappheit aufgrund der Übernutzung der Waldbestände befürchtet wurde (Ott, 2016, S. 62). Im Laufe der Industrialisierung breiteten sich Forderungen nach einer nachhaltigen Nutzung natürlicher Rohstoffe aus (Ott, 2016, S. 63). Zu Beginn des 20. Jahrhunderts übte eine neue gesellschaftliche Reformbewegung zunehmend Kritik an der Großstadtmoderne, ihre Anhänger propagierten eine Rückkehr in die Natur, Pazifismus und im Zuge eines neuen Gesundheitsbewusstseins auch den Verzicht auf Alkohol sowie auf Fleisch (Radkau, 2013). Zwei Weltkriege unterbrachen die Entstehung eines umfassenden Umweltbewusstseins in der Gesellschaft, bis in den 1960er Jahren die Hippie-Bewegung in Amerika Einzug hielt. Diese wandte sich gegen den Kapitalismus, das Streben nach materiellem Besitz und die „kalte Logik der Leistungs- und Warengesellschaft" (Farin, 2010a). Ziel der Hippies war es, eine antiautoritäre Weltordnung ohne Klassenunterschiede und Unterdrückung zu schaffen sowie menschlichere Lebensweisen zu etablieren (Farin, 2010a). Die Hippiebewegung markierte den Beginn eines gesteigerten politischen und gesellschaftlichen Engagements innerhalb der Bevölkerung (Engels, 2016, S. 94).

Ende der 1970er entwickelten sich, besonders unter jungen Menschen weltweit, neue soziale und ökologische Bewegungen, wie beispielsweise die Anti-Atomkraft-Bewegung oder die Ökologiebewegung in Deutschland (Farin, 2010b). Gründe dafür waren der anhaltende Generationenkonflikt sowie der Wunsch nach einem neuen Lebensmodell abseits der bestehenden Ordnung (Engels, 2016, S. 94). Mit der Zeit bildeten die Anhänger der Ökobewegung, umgangssprachlich auch *Ökos* genannt, ein alternatives Milieu mit eigenen Bioläden, Alternativkonzerten und lokalen Einrichtungen wie Umweltzentren (Engels, 2016, S. 95). Mithilfe von Demonstrationen und Protestaktionen riefen die Ökos auch die restliche Bevölkerung zum Umdenken innerhalb der zunehmenden wachstums- und konsumorientierten Industriegesellschaft auf (Engels, 2016, S. 97). Der Begriff Ökologie bezeichnete bald das Projekt eines umfassenden Umweltschutzes, der über reinen Natur- oder Tierschutz hinausgeht, und wurde zum Synonym für einen naturverbundenen und industriekritischen Lebensstil (Engels, 2016, S. 96). Ende der 1980er stieß die Ökobewegung auf zunehmend positive Resonanz innerhalb der breiten Bevölkerung, der Medien und der Politik, die klare Abspaltung der Ökos vom Rest der Gesellschaft ließ nach (Engels, 2016, S. 97). Ein kleiner Teil wandte sich dem professionellen Protest von Non-Governmental Organizations (NGOs) wie beispielswiese Greenpeace zu, der Rest aber entwickelte sich weiter. Die ehemalige Nischenbewegung wurde zur Massenkultur und bildet heute eine neue Generation von Ökos, die *LOHAS*.

4 LOHAS – Die neue Generation Ökos

Der Begriff LOHAS ist ein Akronym und steht für „Lifestyle of Health and Sustainability" (Häußler, 2011, S. 107). Anzumerken ist, dass der Begriff in diesem Text sowohl für die Bezeichnung dieses Lebensstils als auch für die der Personen verwendet wird, die diesen Lebensstil pflegen. Ins Licht der Aufmerksamkeit gerückt wurde diese neue gesellschaftliche Gruppe durch eine Studie der Soziologen Paul Ray und Ruth Anderson aus dem Jahr 2000, die als Erste den speziellen Lebensstil der LOHAS beschrieben (Häußler, 2011, S. 107). Diese neue Generation der Ökos unterscheidet sich deutlich von den „alten Weltverbesserungs-Ökos" (Wittkowski, 2009) und lehnt den von vorhergehenden Umweltbewegungen geforderten Verzicht auf Luxusgüter zum Wohle der Umwelt ab (Häußler, 2011, S. 109). „Zentrales Motiv [der LOHAS] ist [...] die Verbindung von nachhaltigem Konsum mit hedonistischen Motiven und ausgeprägtem Blick auf individuelle Interessenslagen." (Häußler, 2011, S. 120). Zwar sind sich LOHAS ihrer ökologischen und auch sozialen Verantwortung gegenüber ihrer Umwelt bewusst (Häußler, 2011, S. 108), gleichzeitig aber legen sie großen Wert auf Genuss und eine hohe persönliche Lebensqualität, wie ihr ambivalenter Lebensstil zeigt.

4.1 Lebensweise

Im Jahr 2007 veröffentlichte der bei LOHAS beliebte Blog Karmakonsum.de ein Manifest, das die Lebensweise der neuen Ökos aus ihrer Perspektive beschreibt und einen guten Ansatz für eine Einschätzung ihres Verhaltens bietet. Ein Auszug daraus ist im folgenden Absatz nachzulesen.

> "Unser Konsum ist konsequent ökologisch und fair, ohne auf Modernität zu verzichten.
> Im Gegensatz zu den ‚alten Ökos' sind wir technologiefreundlich und genussorientiert.
> Wir [...] genießen nachhaltig. Wir wissen über die Folgen unseres Konsums und versuchen, diese möglichst gering zu halten. Wir interessieren uns für Gesundheit, Spiritualität, Nachhaltigkeit und Ökologie. Gehen zum Yoga oder Tai-Chi, trinken Grüntee oder Bionade. Häufig sind wir Vegetarier."
>
> (KarmaKonsum.de, 2007)

Hier zeigt sich deutlich der ambivalente Charakter des LOHAS als Hedonisten mit Moral. Genuss ist von großer Bedeutung, sollte allerdings nachhaltig sein und die Umwelt nicht übermäßig belasten. Auf Konsum und Luxus muss nicht verzichtet werden, solange die richtigen, also ökologisch unbedenkliche Produkte konsumiert werden. LOHAS kaufen deshalb überwiegend Bio- und Fair-Trade-Lebensmittel, die mittlerweile in vielen Supermärkten leicht erhältlich sind und deren Label umweltschonenden Anbau und eine faire Behandlung der Arbeitskräfte versprechen. Sie haben Spaß an moderner, gut designter und dabei gleichzeitig nach ökologischen Grundsätzen hergestellter Kleidung. Bereits 2010 titelte ein Artikel der Welt mit „Der Öko 2.0 mag Style statt Selbstgestricktes" (Radel, 2010).

„Öko 2.0 ist eine weitere Bezeichnung des neuen Öko-Lifestyles – denn weniger die Tages-
zeitungen und schon gar nicht das Fernsehen sind die Leitmedien der LOHAS als vielmehr
das Internet, das Partizipation, Interaktion, Kommunikation und Möglichkeiten zur indivi-
duellen Beschaffung von Informationen verheißt" (Hartmann, 2009, S. 93). Die neue Generation der Ökos ist, wie sie selbst in ihrem Manifest erklärt, technologiefreundlich, sie nut-
zen Webseiten wie KarmaKonsum.de, Utopia.de oder LOHAS.de, um sich Hintergrundinfor-
mationen zu beschaffen und über Trends zu informieren sowie eigene Blogs oder Foren,
um sich untereinander auszutauschen. Zudem boomt die Anzahl der Online-Shops, die
nachhaltige Kleidung, Kosmetik oder auch Möbel für eine ökologisch interessierte Ziel-
gruppe anbieten. Als Beispiele sind ArmedAngles.de, Najoba.de und Greenliving.de zu nen-
nen.

Das Manifest der LOHAS verdeutlich zudem das ausgeprägte Gesundheitsbewusstsein dieser Gesellschaftsgruppe, ausreichend Bewegung dient ebenso zur Steigerung der Lebensqualität wie eine gesunde Ernährung. Ein Paradebeispiel, um das Konsumverhalten der LO-
HAS zu charakterisieren, ist die Ökolimonade Bionade: Sie vereint Merkmale wie Gesund-
heit, Natürlichkeit und Regionalität in einer Flasche mit angesagtem Retro-Design (Häußler,
2011, S. 110). Die Frankfurter Allgemeine Zeitung (FAZ) bezeichnete den anhaltenden
Trend zur Nachhaltigkeit und Ökologie in Deutschland in einem Artikel gar als „Bionadisierung der Gesellschaft" (Meck, 2007).

4.2 LOHAS in der Gesellschaft

Der genaue Anteil von LOHAS innerhalb der Bevölkerung lässt sich schwer bestimmen, das
Fehlen einer allgemein gültigen Definition erschwert eine eindeutige Zuordnung von Personen zu dieser Gesellschaftsgruppe. Abhilfe schaffen könnte eine Einordung der LOHAS in
die sogenannten Sinus-Milieu-Typen der Gesellschaft. „Ziel [dieses] Milieumodells ist es,
die Gesellschaft eines Landes anhand ihrer Grundorientierung einerseits und ihrer sozialen
Lage andererseits in abgrenzbare Milieu-Typen zu untergliedern" (Glöckner, Balderjahn &
Peyer, 2010, S. 38). Stellt man fest, in welchen Milieus die Anhänger des LOHAS verbreitet
sein können, ist eine ungefähre Abschätzung des potenziellen Anteils der neuen Ökos an
der Gesellschaft möglich.

Bereits 2010 ordneten Glöckner, Balderjahn und Peyer die LOHAS in eine Darstellung der damaligen Sinus-Milieus in Deutschland ein (S. 38), allerdings sind Milieus ebenso wie die Gesellschaft selbst beständigem Wandel ausgesetzt und die Abbildung somit inzwischen veraltet. Mangels einer bereits bestehenden aktuellen Version ist die nachfolgende Verortung der neuen Ökos in die Sinus-Milieu-Typen in Deutschland aus dem Jahr 2017 (siehe Abbildung 1) eine eigene Auslegung. Neben den bisher ermittelten Merkmalen der LOHAS wurden die Beschreibungen der Angehörigen der jeweiligen Milieus verwendet (Sinus Institut, 2017, S. 16), um Übereinstimmungen zwischen den Gruppen zu finden. Nach dem Beispiel von Glöckner, Balderjahn und Peyer (2010, S. 37) wird zwischen intensiven LOHAS und gemäßigten LOHAS unterschieden. Während intensive LOHAS alle Wertvorstellungen und Verhaltensweisen dieses Lebensstils übernommen haben, beschränken sich gemäßigte LOHAS nur auf bestimmte Aspekte.

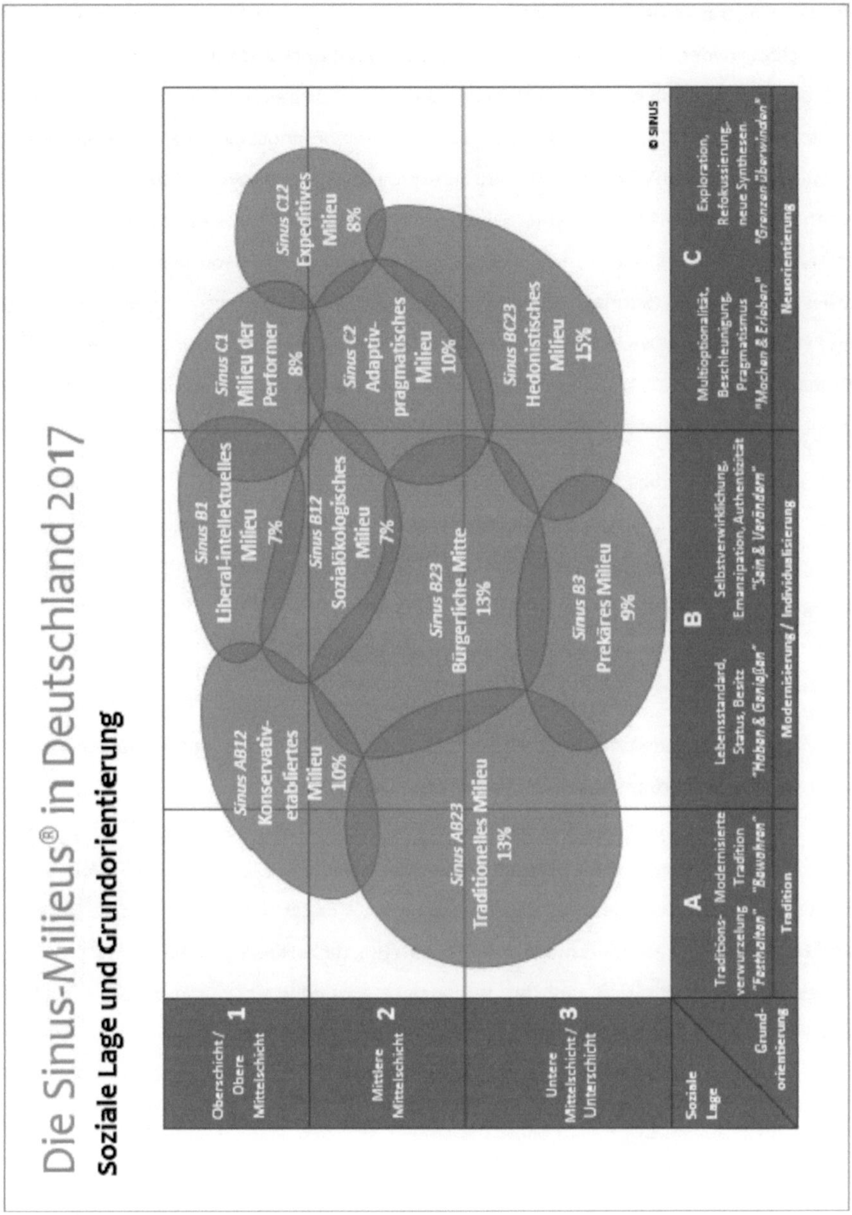

Abbildung 1: Die Sinus-Milieus in Deutschland im Jahr 2017. (Sinus-Institut, 2017, S. 14)

Die neue Generation der Ökos findet sich generell eher in der Mittel- und Oberschicht der Gesellschaft wieder, denn die kostspielige Ernährung mit ökologischen, Fair-Trade-gehandelte Lebensmittel und nachhaltiger Konsum sind nur bei ausreichend finanziellen Mitteln möglich (Häußler, 2011, S. 117). Intensive LOHAS treten besonders im liberal-intellektuellen Milieu auf, dessen Angehörige die „kritische Weltsicht, liberale Grundhaltung und postmaterielle[n] Wurzeln" (Sinus Institut, 2017, S. 16) der heutigen Ökos teilen. Bereits 2007 stellten die LOHAS in ihrem Manifest heraus, dass sie nur „wenige Bedürfnisse nach materiellen Luxusartikeln" (KarmaKonsum.de, 2007) haben. Zudem hoben sie hervor, dass für sie „Persönlichkeitsentwicklung und Erfahrung [...] mehr [wiegen] als materieller Überfluss" (KarmaKonsum.de, 2007), auch die Mitglieder des liberal-intellektuellen Milieus prägt der „Wunsch nach Selbstbestimmung und Selbstentfaltung" (Sinus Institut, 2017, S. 16).

Ebenfalls eine sehr hohe Deckungsgleichheit mit der Lebensweise der LOHAS weist die Beschreibung des sozialökologischen Milieus als „engagiert[es] gesellschaftliches Milieu mit normativen Vorstellungen vom richtigen Leben" (Sinus Institut, 2017, S. 16) auf. Das „ausgeprägte[...] ökologische[...] und soziale[...] Gewissen" (Sinus Institut, 2017, S. 16) dieses Milieus stimmt mit typischen LOHAS-Grundwerten wie Nachhaltigkeit, Ökologie und sozialer Gerechtigkeit überein.

Gemäßigte LOHAS finden sich beispielsweise im Milieu der Performer wieder. Angehörige dieser Gesellschaftsgruppe teilen die nachhaltigen Wertvorstellungen der Ökos nicht, sie kennzeichnet eher ein „globalökonomisches Denken" (Sinus Institut, 2017, S. 16). Allerdings sind sie dem Sinus Institut zufolge Teil der „Konsum und Stil-Avantgarde" (2017, S. 16) der Gesellschaft und weisen eine „hohe Technik und IT-Affinität" (2017, S. 16) auf, sie teilen diese Merkmale mit besonders modern ausgerichteten, technikbegeisterten LOHAS. Da die biologische Ernährungsweise und das ausgeprägte Gesundheitsbewusstsein des LOHAS mittlerweile auch außerhalb der Ökobewegung im Trend liegt, kann ein teilweise ähnlicher Konsum im Milieu der Performer angenommen werden.

Das adaptiv-pragmatische Milieu bildet die „moderne junge Mitte" (Sinus Institut, 2017, S. 16) der Gesellschaft, zu der auch viele LOHAS zugeordnet werden können. Ebenso wie die neuen Ökos besitzt dieses Milieu hedonistische Züge und den „Wunsch nach Spaß und Unterhaltung" (Sinus Institut, 2017, S. 16). Gleichzeitig kennzeichnet die Mitglieder des

adaptiv-pragmatische Milieus ein „starkes Bedürfnis nach Verankerung und Zugehörigkeit"
(Sinus Institut, 2017, S. 16). Dem Manifest der LOHAS zufolge legen auch diese Wert auf
Familie und ihren Freundeskreis, „zum Glücklichsein schauen [sie] [...] nach Innen und auf
[ihre] [...] sozialen Beziehungen" (KarmaKonsum.de, 2007).

Gemäßigte LOHAS finden sich zum Teil auch im konservativ-etablierten Milieu wieder. Angehörige dieses Milieus teilen zwar nicht die modernen Wertvorstellungen der LOHAS, allerdings besitzen sie die nötigen finanziellen Mittel und geben gerne Geld für umweltfreundliche, hochwertige und natürliche Materialien aus (Glöckner, Balderjahn & Peyer,
2010, S. 39). Zudem sind sie ebenso wie die neuen Ökos gesundheitsbewusst und legen
Wert auf Genuss (Glöckner, Balderjahn & Peyer, 2010, S. 39).

Diese Einordung in die Sinus-Milieus der Gesellschaft zeigt, dass Anhänger des LOHAS po-
tenziell in vielen Gesellschaftsgruppen verbreitet sein können. Besonders im liberal-intellektuellen und sozialökonomischen Milieu kann ein hoher Prozentsatz der Mitglieder zu
den intensiven LOHAS gezählt werden. Hochrechnungen des Sinus Instituts zufolge gehö-
ren diesen Milieus etwa zehn Millionen Menschen an (Sinus Institut, 2017, S. 13), der Anteil
der neuen Ökos an der Bevölkerung ist somit durchaus als bedeutend zu bewerten. Erste
Einflüsse der LOHAS auf die Gesellschaft sind bereits sichtbar, vornehmlich im Bereich der
Wirtschaft.

4.3 LOHAS als Wirtschaftsfaktor

Um das Konsumverhalten der LOHAS und ihre Bedeutung für die Marktentwicklung zu er-
örtern, ist ein weitere Blick auf Auszüge des 2007 veröffentlichten Manifests sinnvoll. Die
aufschlussreichsten Aussagen sind im nachfolgenden Absatz dargestellt.

> "Wir [...] sind kritisch den Unternehmen gegenüber, die ihre Verantwortung gegenüber
> Mensch und Natur nicht ernst nehmen und in deren Profitgier Arbeitsplätze und natür-
> liche Ressourcen vernichten. Diese Unternehmen boykottieren wir. [...] Wir fördern und
> kaufen gerne bei Unternehmen, die wertvolle, langlebige und nachhaltige Produkte an-
> bieten. Fairer Handel ist wichtig für uns, denn niemand soll durch unseren Konsum aus-
> gebeutet werden. Dafür zahlen wir auch gerne etwas mehr."
>
> (KarmaKonsum.de, 2007)

Hinter diesem Zitat ist die vorrangige Taktik der neuen Ökos gegenüber dem bestehenden Wirtschaftssystem deutlich zu erkennen: Unternehmen, die Umwelt und Arbeitskräfte ausbeuten, sollen nicht durch Protestmärsche oder Demonstrationen zur Veränderung gezwungen werden, sondern durch strategischen Konsum, der sich die Marktkräfte zu Hilfe macht: Boykottiert ein ausreichend großer Anteil der Bevölkerung Umweltsünder und konsumiert stattdessen umweltschonende und fair hergestellte Produkte, werden Unternehmen gezwungen, nachhaltige Produkte herzustellen und ökologisch verantwortungsbewusst zu handeln, um für Konsumenten attraktiv zu bleiben (Hartmann, 2009, S. 100).

Nachdem Marktforscher bereits zu Beginn des Jahrhunderts das ökonomische Potenzial der LOHAS als kaufkräftige Konsumentengruppe entdeckten, wurde die Ökobewegung zunehmend interessant für Unternehmen. „Erfolgreiche Märkte der Zukunft sind moralische Märkte", wie Wittkowski in einem Artikel 2009 feststellte. Denn LOHAS besitzen als moderne neue Gesellschaftsgruppe aus den oberen Schichten das Potenzial, auch als Orientierungshilfe für das Kaufverhalten anderer zu dienen (Häußler, 2011, S. 118). Nachhaltigkeit wird zum Trend, gesunde Ernährung und Bioprodukte sind aus ökologischen oder gesundheitlichen Beweggründen mittlerweile großen Teilen der Bevölkerung wichtig (Häußler, 2011, S. 118), wie beispielsweise die Charakteristika der aktuellen Sinus-Milieus zeigen (Sinus Institut, 2017, S. 16). Dieser Trend zur Nachhaltigkeit spiegelt sich auch in den aktuellen Entwicklungen der Energie- oder Lebensmittelbranche wieder. Der deutsche Bio-Lebensmittelmarkt verzeichnet seit einigen Jahren ein rasantes Wachstum, allein zwischen den Jahren 2014 und 2016 wuchs er um etwa 22 Prozent an (BÖLW, 2017, S. 15). 2016 wurde mit biologisch angebauten Lebensmitteln ein Umsatz von insgesamt 9,48 Milliarden Euro erzielt (BÖLW, 2017, S. 15). Auch der Markt der erneuerbaren Energien entwickelt sich positiv: Hatte er 2000 noch einen Anteil von 3,7 Prozent am Bruttoenergieverbrauch Deutschlands, waren es 2015 immerhin 15 Prozent, beim Bruttostromverbrauch betrug der Anteil der erneuerbaren Energien bereits 31,5 Prozent (BMWi, 2017). Diese ausgewählten Beispiele belegen anschaulich, dass immer mehr Verbraucher bewusst nachhaltig und umweltschonend konsumieren.

Auch die Unternehmen anderer Branchen haben diese Entwicklung verfolgt und sich entsprechend angepasst (Häußler, 2011, S. 108). Allerdings sind nur die wenigsten, wie von den LOHAS beabsichtigt, zu Produktion nachhaltiger Konsumgüter und sozialem Handeln übergegangen, da für eine umfassende Umstellung der Unternehmensausrichtung kostspielige Investitionen notwendig wären (Lexikon der Nachhaltigkeit, 2015). Viele Konzerne richteten lediglich ihre PR- und Marketingstrategien auf die Anforderungen der neuen, umweltbewussten Verbraucher aus. Greenwashing ist ein populäres Beispiel für diese Taktik: Hierbei geben Unternehmen zur Imageverbesserung soziales oder ökologisches Engagement vor, das in der Realität nicht oder nur minimal vorhanden ist (Lexikon der Nachhaltigkeit, 2015). So würde ein Energiekonzern in einem Werbespot lediglich seine Solaranlagen, Windräder und Wasserkraftwerke zeigen, obwohl nur ein Prozent seiner Energiegewinnung auf erneuerbaren Energien beruht. Diese Werbestrategie ist mittlerweile weit verbreitet, auch wenn sie Risiken birgt. Werden die Beschönigungen aufgedeckt, müssen Unternehmen mit erheblichen Verlusten an Glaubwürdigkeit und Konsumentenstamm rechnen (Lexikon der Nachhaltigkeit, 2015). Denn Umweltschutz und eine Einhaltung von Sozialstandards werden von den LOHAS und vielen anderen Verbrauchern mittlerweile erwartet. (Lexikon der Nachhaltigkeit, 2015). Um Produkte zu ermitteln, die diesen hohen Ansprüchen genügen, orientieren sich viele LOHAS nicht an etablierten Markennamen oder Industriestandards, sondern diversen Bio- und Öko-Labeln, die eine nachhaltige Herstellungsweise garantieren sollen und unterschiedliche Hersteller zu ganzen „Meta-Marken" (Wittkowski, 2009) zusammenfassen.

5 Kritische Hinterfragung des LOHAS

Aber auch der Konsum von Bio-Produkten muss nicht unbedingt ökologisch sinnvoll sein. Diese werden zwar unter umweltschonenden Bedingungen ohne den Einsatz giftiger Pestizide produziert, müssen allerdings oft von weit entfernten Ländern per Flugzeug oder Containerschiff importiert werden und schaden der Umwelt damit mehr als regionale Produkte ohne Bio-Siegel (Hartmann, 2009, S. 229). Wirklich nachhaltiger Konsum ist auch mit Bio-Produkten schwer umzusetzen, aber es ist zumindest ein Schritt in die richtige Richtung. Auch wenn er in der Gesamtheit kaum einen Unterschied macht.

Denn ökologisches Shoppen kann die Welt nicht nachhaltig verändern. Wie Hartmann feststellte, „gibt [es] kein richtiges Einkaufen im falschen Weltwirtschaftssystem" (2009, S. 231). LOHAS verzichten zwar möglicherweise selbst auf Produkte, die der Umwelt schaden und für deren Herstellung Arbeitskräfte ausgebeutet werden, aber die soziale Ungerechtigkeit und die weltweit fortschreitende Umweltzerstörung bleiben bestehen (Hartmann, 2009, S. 232). Strategischer Konsum trägt nicht zum bestehenden schlechten System bei, er verbessert es aber auch nicht. Hersteller von Bio- und Fair-Trade-Produkten erzielen von Jahr zu Jahr höhere Umsätze, immer mehr Menschen steigen auf erneuerbare Energien um, und trotzdem nimmt die Umweltverschmutzung und der jährliche CO_2-Verbrauch kontinuierlich zu (Pinzler & Vorholz, 2013). „Kauf dir eine bessere Welt!" (Utopia.de, 2007), dieser Slogan einer bekannten LOHAS-Website lässt sich nicht in die Realität umsetzen. Nachhaltigen Umweltschutz und eine Verbesserung der Situation in Entwicklungsländern kann man nicht zusammen mit einem Produkt kaufen.

Ein reines Gewissen allerdings kann mit ausreichend finanziellen Mitteln heutzutage leicht erworben werden (Häußler, 2011, S. 117), vollkommen ohne Mühe und eine Einschränkung der gewohnten Lebensweise. In gewisser Weise lässt sich das Konsumverhalten der LOHAS mit dem kirchlichen Ablasshandel vergleichen (Paech, 2011). Die modernen Ökos können sich als Angehörige der Mittel- und Oberschicht teure umweltfreundliche Produkte leisten, mit denen zu einem anderen Zeitpunkt begangene Umweltsünden vermeintlich ausgeglichen werden. Ein Beispiel dafür sind sogenannte CO_2-Ausgleichszahlungen (Paech, 2011), die inzwischen von viele Fluggesellschaften angeboten werden. Abhängig von der zurückgelegten Flugstrecke wird ein bestimmter Betrag gezahlt, der dann Umweltschutzorganisationen zu Gute kommt. Die Umweltsünde, der Flug an sich, wird zwar trotzdem begangen, LOHAS argumentieren aber, dass sie durch die Ausgleichszahlung nivelliert wird. Im Grunde wird die Umwelt mit oder ohne Zahlung gleich stark belastet, die Ökos konnten sich dadurch allerdings ihr reines Öko-Gewissen zurückkaufen.

Dasselbe Problem ergibt sich, wenn ein LOHAS zwar regelmäßig nachhaltige Lebensmittel im Bio-Supermarkt kauft, dafür aber dreimal pro Woche zum Einkaufen in die 30 Kilometer entfernte Großstadt fahren muss. Oder wenn er ein Haus mit eigenen Solarzellen und Re-

genwasserzisterne besitzt, aber jeden Monat für Geschäftstermine nach Berlin fliegt. Häußler argumentiert sogar, dass LOHAS-Haushalte der Umwelt mehr schaden als ärmere Fami-
lien, die nie Bio-Produkte oder nachhaltige Kleidung kaufen, aber auch nicht zwei Mal pro
Jahr in den Urlaub fliegen (2011, S. 118). Ein generell hoher Konsum dank eines ausreichen-
den Einkommens wird Häußler zufolge nicht durch einige nachhaltige Kaufentscheidungen
ausgeglichen (2011, S. 118).

Zum Ende dieser Erörterung hin stellt sich nun die Frage, wie öko der Öko des 21. Jahrhunderts wirklich ist. Der LOHAS legt durchaus viel Wert auf soziale Gerechtigkeit und einen
schonenden Umgang mit der Natur, er lebt gesundheitsbewusst und bemüht sich innerhalb
seines Konsumverhaltens um Nachhaltigkeit. Gleichzeitig aber würde er sich für seine Über-
zeugungen nie in seiner Lebensweise einschränken, sein Genuss ist ihm wichtiger als echter
Umweltschutz. Ihm fehlt die Aufopferungsbereitschaft der alten Ökos, die nötig ist, um
wirklich etwas in der Gesellschaft oder der Welt zu verbessern. Letztendlich ist der LOHAS
keine echte Öko-Bewegung, nur ein Lifestyle-Trend, wenn auch ein ökologischer.

6 Literaturverzeichnis

BMWi (2017). *Entwicklung der erneuerbaren Energien in Deutschland im Jahr 2016*. Zugriff am 30.08.2017, von http://www.erneuerbare-energien.de/EE/Navigation/DE/Service/Erneuerbare_Energien_in_Zahlen/Entwicklung_der_erneuerbaren_Energien_in_Deutschland/entwicklung_der_erneuerbaren_energien_in_deutschland_im_jahr_2016.html

BÖLW (2017). *Zahlen, Daten, Fakten: Die Bio-Branche 2017*. Zugriff am 30.08.2017, von http://www.boelw.de/fileadmin/pics/Bio_Fach_2017/ZDF_2017_Web.pdf

Duden Online (2017a). Stichwort: *Öko*. Zugriff am 28.08.2017, von http://www.duden.de/rechtschreibung/oeko

Duden Online (2017b). Stichwort: *Ökologisch*. Zugriff am 28.08.2017, von http://www.duden.de/rechtschreibung/oekologisch

Duden Online (2017c). Stichwort: *Biologisch*. Zugriff am 28.08.2017, von http://www.duden.de/rechtschreibung/biologisch

Duden Online (2017d). Stichwort: *Nachhaltigkeit*. Zugriff am 28.08.2017, von http://www.duden.de/rechtschreibung/Nachhaltigkeit

Engels, J. (2016). Ökologiebewegung. In K. Ott, J. Dierks & L. Voget-Kleschin (Hrsg.), *Handbuch Umweltethik* (S. 94 – 98). Stuttgart: J.B. Metzler

Farin, K. (2010a). *Die Hippies*. Zugriff am 28.08.2017, von http://www.bpb.de/gesellschaft/kultur/jugendkulturen-in-deutschland/36172/die-hippies

Farin, K. (2010b). *Die Umwelt- und Anti-Atomkraftbewegung*. Zugriff am 28.08.2017, von http://www.bpb.de/gesellschaft/kultur/jugendkulturen-in-deutschland/36201/umwelt-und-anti-atomkraft-bewegung

Glöckner, A., Balderjahn, I. & Peyer, M. (2010). Die LOHAS im Kontext der Sinus-Milieus. *Marketing Review St. Gallen, 5*, S. 36 – 41.

Hartmann, K. (2009). *Ende der Märchenstunde*. München: Karl Blessing Verlag

Häußler, A. (2011). Neue gesellschaftliche Leitbilder für nachhaltige Ernährungsweisen – Wer sind die „Lohas" und was können sie für den Essalltag bewirken?. In A. Ploeger, G. Hirschfelder & G. Schönberger (Hrsg.), *Die Zukunft auf dem Tisch* (S. 107 - 122). Heidelberg: VS Verlag.

Jax, K. (2016). Ökologie. In K. Ott, J. Dierks & L. Voget-Kleschin (Hrsg.), *Handbuch Umweltethik* (S. 37 - 43). Stuttgart: J.B. Metzler

KarmaKonsum.de (2007). *LOHAS*. Zugriff am 28.08.2017, von https://www.karmakonsum.de/lohas_-_lifestyle-of-health-and-sustainability/

Lexikon der Nachhaltigkeit (2015). Stichwort: *Greenwashing*. Zugriff am 30.08.2017, von https://www.nachhaltigkeit.info/artikel/greenwashing_1710.htm

Meck, G. (2007*). Ethik plus Luxus: Die Bionadisierung der Gesellschaft*. Zugriff am 28.08.2017, von http://www.faz.net/aktuell/wirtschaft/wirtschaftspolitik/ethik-plus-luxus-die-bionadisierung-der-gesellschaft-1492982.html

Ott, K. (2016). Geschichte der Nachhaltigkeitsidee. In K. Ott, J. Dierks & L. Voget-Kleschin (Hrsg.), *Handbuch Umweltethik* (S. 62 – 66). Stuttgart: J.B. Metzler

Paech, N. (2011). *Rettet die Welt vor den Weltrettern*. Zugriff am 28.08.2017, von http://www.sueddeutsche.de/kultur/sz-serie-die-gruene-frage-rettet-die-welt-vor-den-weltrettern-1.1106177

Pinzler, P. & Vorholz, F. (2013). *Öko war früher*. Zugriff am 28.08.2017, von http://www.zeit.de/2013/48/klimakonferenz-klimaschutz-umwelt-oekologie

Radel, I. (2010). *Der „Öko 2.0" mag „Style" statt Selbstgestricktes*. Zugriff am 28. 08.2017, von https://www.welt.de/lifestyle/article9154631/Der-Oeko-2-0-mag-Style-statt-Selbstgestricktes.html

Radkau, J. (2013). *Ins Freie, ins Licht!*. Zugriff am 28.08.2017, von http://www.zeit.de/zeit-geschichte/2013/02/reformbewegung-alternative-moderne

Sinus Institut (2017). *Informationen zu den Sinus-Milieus 2017*. Zugriff am 30.08.2017, von http://www.sinus-institut.de/fileadmin/user_data/sinus-institut/Dokumente/down-loadcenter/Sinus_Milieus/2017-01-01_Informationen_zu_den_Sinus-Milieus.pdf

Utopia.de (2007). *Pressemeldung*. Zugriff am 04.09.2017, von https://utopia.de/0/userfi-les/presse/pressemitteilung_08_11.pdf

Wittkowski, O. (2009). *Öko – Vom Trend zum Mainstream*. Zugriff am 30.08.2017, von https://www.swr.de/odysso/oeko-vom-trend-zum-mainstream/-/id=1046894/did=4407924/nid=1046894/aif7u4/index.html